XI. KONGRESS FÜR HEIZUNG UND LÜFTUNG

17.—20. SEPTEMBER 1924 IN BERLIN

BERICHT

HERAUSGEGEBEN VOM

STÄNDIGEN KONGRESSAUSSCHUSS

MIT 199 ABBILDUNGEN IM TEXT
UND 2 TAFELN

MÜNCHEN UND BERLIN 1925
DRUCK UND VERLAG VON R. OLDENBOURG